美好植物饲育手记

我与植物的恋爱

U0340734

美好植物饲育手记

我与植物的恋爱

［美］摩根·多恩 ［美］埃琳·哈丁 著 ｜ 袁少杰 译

How to
raise a plant
and make
it love you
back.

华中科技大学出版社
http://www.hustp.com
中国·武汉

有书至美
BOOK & BEAUTY

目　录

我们为什么热爱植物

埃琳·哈丁（Erin Harding）& 摩根·多恩（Morgan Doane）

本书是一份因植物而结缘并跨越整个美国的友谊的结晶。就在几年前，我们各自开始在 Instagram 上用照片来记录平日里关于植物的思考。我们拍下了各种事物，从如何在一个弃置的咖啡杯底部钻个排水孔，到龟背竹（Monstera deliciosa）上萌发的一片新叶，无所不包。最初，我们所知的只有彼此在 Instagram 上的账号：@cleverbloom（作者埃琳·哈丁的用户名）和 @plantingpink（作者摩根·多恩的用户名）。从邮寄交换植物扦插枝条开始，我们确立了彼此间的在线友谊。摩根从佛罗里达（美国东南端）给埃琳寄了一株镜面草（Pilea peperomioides）。远在俄勒冈（美国西北端）的埃琳则用一串吊金钱（Ceropegia woodii，又名爱之蔓）回报这份情谊。尽管在共同的国土上，我们在地理上距离对方已经不能再远了，但我们对绿色植物共同的热爱却在增长。最终，这种联系激励我们创建了在线社群"室内植物俱乐部"（House Plant Club）。在那里，世界各地的人们都可以用"#houseplantclub"这个标签分享他们的植物。

在"室内植物俱乐部"里，我们已经回答了数千个关于植物养护和品种鉴定的问题。正是基于此，我们决定写下这本书，养护植物可以是一个简单而有益的爱好。无论您是一位拥有数百种室内植物且经验丰富的园艺高手，还是对拟石莲花（Echeverias）情有独钟的新手，总有一些内容适合您。我们在本书中倾注了自己的最佳窍门和技巧、我们非常喜欢的植物名目，以及一些值得一试的有趣小项目。另外，正如我俩在写下这本书之前所做的，这本书就像为你答疑解惑的 Instagram 私聊信息一样即时有效。如果您正为该给家里买喜林芋（Philodendron）还是麒麟叶（Epipremnum）而感到纠结，那就不妨翻翻看。

过去几十年来，我们一直都是"植物系人"，并从我们之前的"植物系人"那里沿袭了这种特性。我们都不是植物学家或生物学家，但我们多少知道该如何培养室内植物。我们相信，当您将植物置于房间时，房间也会变得富有生机。无论您想在窗台上放置一些多肉植物（succulent plants），还是想要一个放满秋海棠（Begonias）的浴室，我们都会帮助您选种、培育和繁殖植物，那样它们会让爱充盈您心间，以此作为回报。

让您的空间
更有绿意

去采购绿植吧！不论网购，还是亲自去当地的植物商店，您都可以做个精明的"植物猎手"。在将新的绿植"俏佳人"带回家前，还是先了解一下如何评估植株生长情况吧。这样在植物商店时就不会买回一些在屋子里长势不佳的植物了。如果您所在地区没有一家美妙的植物商店，别担心，网络植物卖家提供的品种也一应俱全（甚至更多），您可以在自己的家中方便地进行购买。

肖竹芋（*Calathea ornata*）／五棱角（*Acanthocereus tetragonus*）

采购前的空间考量

如果想要成功搞定这一切，在买植物之前先考量下您的居住空间。如果我们买到了一株超赞的植物，却只是买回家看着它因为生存环境不很理想而逐渐枯萎，那也太让人心碎了吧。

采光

通过确定阳光是从哪个方向照入房屋的，评估一下您的室内采光情况。此外，还要考虑一下遮光物体，比如窗帘、窗前的房屋、高层建筑或者围栏等。要了解一下您的空间什么时候最亮以及什么时候最暗，也得清楚阳光最远能照到屋内什么位置，这些都可以帮助您确定植物的摆放哦。

我们两人住的地方相隔4800多千米。我们经常谈论俄勒冈波特兰市和佛罗里达坦帕市之间天气和阳光情况的差异。根据季节和您所居住的地方，一年中的不同时节可能带来或多或少的强烈日照光。这在地理上会有所差异，但在决定将植物放在家中的位置时，这也是另一件值得考虑的事。在佛罗里达，冬日的阳光直射在朝南的窗户上。这时，摩根会把她的植物远离窗户移动几十厘米，以避免过热和直射的光线。埃琳的丈夫为她的悬垂植物做了一个木架子，它占了一个朝西的窗户，以便从下午和傍晚的阳光中获得良好光照。

朝东和朝北的窗户可以获得更多的散射阳光，因此通常最适合低光照需求的植物。这些朝向的窗户边的适宜区域较小，因为照入和折射的光线都较少。因此，您可能需要使用窗台，

或紧挨窗户边的植物架，来为您的植物提供足够的光线。多肉植物和仙人掌科植物（cacti，后文简称为仙人掌）可能不会在这些空间中茁壮成长，但许多植物可以并会长得很好，包括某些藤类、蕨类和虎尾兰属（Sansevieria）植物。

打造理想环境

使用您对空间的知识来选择能够在您的居住环境下茁壮成长的室内植物。如果您没有足够的空间，那么占地面积很大的植物，如龟背竹，可能就不适合啦。但是同一家族中的另一种植物，如孔叶龟背竹（Monstera adansonii），可以带给您一样的热带风情，而其体形却相对较小。多肉和仙人掌可以忍受干燥的空气，但热带植物却通常需要湿润环境。这并不是说如果您住在一个干燥的地方，就不能让秋海棠保持生机活力（因为您可以添一个加湿器），但从长久来看，如果您能模仿植物的自然生存环境，它会更快乐、更健康地生长。

龟背竹

如何选择快乐的室内植物

一旦您在家里为室内植物选好了最佳位置，就该去采购了。那么，如何决定去哪儿买、什么时候去买您的绿植呢？

该去哪儿买？

首先，想想什么地方会有植物货源。专门的植物商店、园艺中心和苗圃园区都配备了员工，他们的工作就是整天和植物打交道。问这些人吧！他们通常也对价格十分熟悉。其他寻找植物的地方还包括农贸市场、工艺品展销会、大型商超，甚至是杂货店。

如果您正在寻找一种特定的植物，请将照片带到植物商店，并询问工作人员是否有库存。通常，如果您想要的植物不在商店中，他们可以从供应商那里下一个专门的订单。不然的话，花时间在植物商店逛逛，看看商店出售植物的不同种类和科属。商店有没有把多肉植物保存在良好的光照状态下？其中有没有因为缺少阳光而长得延伸出来的？您能否分辨出，植物是否被保养得很好？检查一下是否有干掉、枯萎、发脆或者变褐的叶子。避免购买那些看上去不是最佳状态的植物。

需要注意些什么

如果您找到了您想要的植物，务必仔仔细细地检查。虽然当您把它带回家后通常也会先隔离放置，但是如果是一株有虫害的植物的话，还是最好把它留在店里，免得带回家后让其他植物也慢慢染上虫害。要寻找害虫，可以动动土壤，看看茎干和叶子的背面，以及茎叶连接处。要检查有没有微小的蛛网状物，因为这是蜘蛛螨存在的印迹。另外也注意看看植物被放置的环境中，有没有小小的、飞得很慢的小飞虫，它们叫作蕈蚊，活在土壤里。一旦您把它们带回家那就很难再根除掉了。

征求意见

大多数植物会带有一个标签，上面会有一些鉴定方法和养护技巧的信息。如果您能在店里找到那种很懂行的员工，问问他们有没有其他要注意的方面。要留心记下植物展示时的光照类型，但也请注意，因为考虑到不同商店的空间限制，它可能并没有被摆放在最理想的位置。如果您只能靠标签来养护，不要100%信任标签。根据我们的经验，这些标签的信息通常含糊不清，甚至完全是错的。

运输您新买的植物

为避免在运输过程中损坏植物，请使用那种不会在驾驶途中上下翻倒的纸箱。用带子扣住它，或者用重物把它固定住，免得它在路途里翻倒或者颠簸移位。如果担心会遇到极端天气，请考虑将植物包裹在塑料薄膜或者报纸中，这样可以增加一层保护。不要把植物放在又热、空气又不流通的车上。并且，如果您要驾驶较长时间，不要让阳光透过窗户直射植物。要尽可能地保持植物周围的环境与其原始生活环境相似，只有这样，在您把它带回家时，它才会有良好而健康的开始。

隔离放置您的植物

即使从自己最喜欢的商店里带回了高品质的植物，从一开始时把它们和现有的绿植隔离放置也不失为明智的做法。如果您是从朋友那里得到了扦插枝条，或者从您不经常去的地方捡到一株植物，那么先将它们放在一边进行一段时间的观察是个更明智的想法。找个远离您现有植物的地方，但是也要能给新的植物提供适宜的光照和湿度。在此期间，

心叶蕨（*Hemionitis arifolia*）

请观察植物有没有虫害的迹象，并且进行有针对性的相应处理（有关害虫防治的更多信息，参见第 46 页）。如果有什么问题，一周的观察期也应该足够了。如果可能，请在植物的隔离期内把您新买的植物留在刚买回来时放置的容器中，这样，植物就不会有换盆移栽的额外的不适应了。

网上购买植物

我们两人都挺幸运，住的地方有很多很棒的当地植物商店。但是并不是每个地方都能有一个专门出售各种不同植物的苗圃。当您看中某种特定植物，却苦于在住所附近找不到时，网络供应商通常可以为您省下时间。通过互联网，只要花一点钱就可以找到几乎任何植物。网上购买植物时，必须综合考虑受制于季节的运输限制、最少购买量和运费等因素。

蟹爪兰（*Schlumbergera*）
唐印（*Kalanchoe thyrsiflora*）
丽光丸（*Echinocereus reichenbachii*）
拟石莲花

运送一个打包妥当的植物包裹可能很贵，尤其，在运输途中为了调节植物温度而必须附加制冷袋或者加热袋的时候。就像您网购任何东西一样，在购买之前做好功课，提前看看买家评论或者评分（如果有的话）。拆包裹时选择室外，或者用报纸垫着，因为土壤经常会松动，拆包裹时会乱撒一片。网络供应商通常会附加一份养护须知单，上面列有您如何让邮寄之后的植物恢复生机的做法。除了这些说明之外，对于邮购的植物，就像您在当地商店买的一样，都需要通过短暂的隔离期来进行观察，以免存在问题。

切尔西球兰（ *Hoya Carnosa* ‘Chelsea’）
圆叶虎尾兰（ *Sansevieria cylindrica* ）
镜面草
绿萝（ *Epipremnum aureum* ）

打理植物收藏

养护植物并不是什么每天都要完成的例行功课。从植物繁殖、换盆移栽再到假期照料，一切繁琐的工序都能被分解为简单易行的分步操作。一旦熟悉了基本流程，就知道该如何养护植物并让它们回报以爱了！让这片植物乐园的大小保持在可控范围内。如果一株长大的植物变得难以驾驭，就可以考虑将其分生或对其进行扦插繁殖，将生根的扦插枝条（又称插穗）赠送亲友。

长叶肾蕨（*Nephrolepis biserrata*）/ 巴西水竹叶（*Tradescantia fluminensis*）/
星点藤（*Scindapsus pictus*，又名银星绿萝）/ 夕特龟背芋（*Monstera siltepecana*）

繁育植物

巴西花叶水竹草（*Tradescantia fluminensis variegata*）
凹叶球兰（*Hoya obovata*）
星点藤
绿萝
夕特龟背芋
三色紫露草（*Tradescantia fluminensis* 'Tricolor'，又名匍匐锦竹草）

植物培育是利用现有植物创造新植物的方法。这是一个很好的主意，不仅可以发扬您的植物收藏，还可以和朋友们分享不同的植物。植物培育的方法有很多，但是对于室内植物来说，最常见的方法是把植物的叶子或者切茎放在水里，让它生根。水培法可以提供恒定水分，这样促进了根系的萌发。切茎（有时也叫剪枝或者第一步）是个简单的过程，大多数植物会在几个星期之内开始生根。并不是所有的植物都能用水培生根，但我们在下面列出了几种最受喜爱的适合水培的植物。

虽然，有的人喜欢切茎后马上将其放在土壤中，但观察它在玻璃器皿和水中生根、长大也是很有趣的。水中生根的植物不仅可以拍出绝美的照片，并且在家居装饰中也开始流行起摆放水培植物的趋势。旧的葡萄酒瓶、细口的芽瓶和玻璃试管都可以被用作植物的培育站。

我们最喜欢的水培植物

- 镜面草
- 孔叶龟背竹和普通龟背竹
- 绿萝
- 吊竹梅（*Tradescantia zebrina*）和三色紫露草
- 喜林芋
- 球兰（*Hoya*）
- 虎尾兰

三色紫露草

如何制作扦插枝条

　　拿一把干净、锋利的小刀或剪刀，在节点下方约0.6厘米处切下一块茎干。节点是茎干上的小凸起，或长有叶芽的地方。把节点附近区域的所有叶子都摘掉，然后把扦插枝条放到室温的净水中。生根的部位要么在切割的部位，要么就在叶片节点处。

护理和保养

　　为了增加成功概率，最好用生长茂盛、健康的植物枝叶来制作扦插枝条。在生根的同时，为它们提供明亮的非直射光。每种植物情况都有所不同，但大多数植物会在几周内产生根。一些植物的叶片插穗，例如琴叶榕（Ficus lyrata），可能需要三个月或更长时间才能生根，而紫露草或三色紫露草可能在几天内就会生根。只要扦插枝条是健康的，并且出现着新的生长迹象，它就可以留在水中。包括绿萝在内的一些植物甚至可以无限期地在水中生长。要保持水位高于正在生长的根部，并每周更换一次水。一旦根部足够长（10厘米至15厘米），扦插枝条就可以移栽到土壤中了。

绿萝／绿萝扦插枝条图片

新生植物怎么处理

对于生根的扦插枝条，我们最喜欢做的事是与朋友分享。这也正是我们俩人友谊开始的原因！如果植物背后有故事的话，会使它们变得更加特别。某些植物非常令人渴求，但只能在特定区域内得到：将植物寄给一个在居住地稀缺这一品种的人，是确立一份友谊的可靠方法，我们俩人可以证明这一点。

分享您的扦插枝条

如果要寄送扦插枝条，先要做好准备和打包工作。用水浸湿纸巾并轻轻地用其包裹住植物的根部。将湿纸巾包裹的根放入一个小塑料袋中，并用一根扎带将松散的顶口扎住固定。接下来小心地将它包装在一个盒子里，盒子里要用报纸包住它。使用最快的方法寄送，并且告诉接收方，将扦插枝条放入水中以使其在旅程结束后能够恢复元气。

赠送您的植物

小型的盆栽植物也可以充当完美的乔迁礼、谢师礼或者生日礼物。将植物栽盆，并在盆周围系上一圈彩带打个蝴蝶结，就成了一份快速而简便的礼物。为了使它更加特别，请随植物提供一些配件工具。我们最喜欢的是花边植物挂架、手工陶瓷花盆和小型浇水壶等。

巴西心叶蔓绿绒（*Philodendron hederaceum* 'Brasil'）／皱叶椒草（*Peperomia caperata*）

繁茂您本来的植物

　　扦插枝条也可使本来的植物更繁茂。在土壤中戳几个孔，然后将生根的扦插枝条插进去。盖上土并且压实，以使得根部固定。可以如此重复，以达到您期待中的繁茂丛生。

记录您的植物

　　繁育植物也提供了拍下植株生长过程的绝佳机会。这些照片可以留存作个人参考，或在网络植物社群及实际中与他人进行分享。在线植物社群可以在 Instagram、Facebook 和其他社交媒体上找到。

三色紫露草

换盆和移栽

随着植物老化，它们的根系要么长得比现有的容器长，要么需要更新盆土以保持充足的营养供给。换盆和移栽可以确保您的室内植物的长期健康。进行这些步骤的最佳时机，是在春季植物进入活跃爆发生长期之前。

换盆

选择容器是换盆的第一步。一些植物（如多肉和仙人掌）喜欢干燥，用陶土盆很适合。陶土盆应该是多孔隙的，有助于促进水分的吸收和蒸发。对其他植物而言，若要保留更多水分的话，塑料盆会更适合（有关植物容器的更多信息，参见第41页）。至于对容器大小的选择，以能在根系上方留出长度5厘米的空间为准。无论您选择哪个容器，都要确保它有一个排水孔，可以让多余的水排出。这样您可以自由地浇水而不用担心植物根部腐烂。

有关选择土壤的信息，参见第42页。

龟背竹
合果芋（*Syngonium podophyllum*）

雅光丸（*Mammillaria ruestii*）

步骤

1. 通过铺些报纸或者塑料盖布来准备好您的操作区域，这样，之后的清理工作将容易得多。将植物从现有的容器中取出来之前，轻轻揉搓根部区域，或者把根部拍向一个硬面，来回几下，使得土壤和容器能顺利分离。接下来，轻轻拉动植物的主干部分，从一侧到另一侧慢慢摇动、抽离，直到整株植物从容器中安全地脱离出来。用您的双手来梳理植物的根部，将土壤松开。把植物放到一边，第一步就完成了。

2. 在新花盆的底部填上5厘米至7.6厘米的新鲜土壤。接下来，将植物放入盆中，并在其根部周围填满土壤。为避免土壤空洞或者气泡，请用手指轻轻按压填实土壤。好了，现在是时候添加顶部的敷料层了，材质可以选碎岩石块或者砾石，这样不仅美观大方，而且还能有助于保持水分。最后，在换盆重种后，新种下的盆栽植物应用水浇透。

移栽

　　将一株您已经种了一段时间的植物移到一个更大的花盆中，这通常被称为移栽。一般来讲，植物需要移栽时会出现一些明显的迹象，包括：

· 植物根部开始从花盆顶部暴露出来，或者从排水孔钻出来。
· 盘绕的根部填满了花盆。
· 一株植物在同一个花盆已经生长了一年甚至更久。
· 一株本来健康的植物生长缓慢。

　　如果您决定移栽植物以使其有更多成长空间，请按照换盆的步骤进行操作。然而也有可能是这种情况：您的植物本身并不需要更大的花盆，但它仍然可以从新鲜的土壤中恢复营养物质吸收。这时您可以轻轻取出顶部 2.5 厘米至 5 厘米厚的土壤，与新的土壤混合，重填回花盆，再用水浇透即可。

豹纹竹芋（*Maranta leuconeura*）
合果芋

假期植物照料

离家期间该如何照料植物？在您决定方案之前，一些因素应当考虑在内。根据植物的种类、一年中所处的时节以及您将要离开的时长，不同情况需要解决和应对的要求不同。其中，一年中所处的时节，将是决定您离家期间植物所需投入的最大因素。

春季和夏季气温较高、白天时间较长，植物也在积极地生长，它们需要比冬天更多的水分。而在冬天，它们往往会休养生息，不会长出新叶。如果您在冬天离开，大多数植物在您离开之前浇透一次就可以了，然后在离家期间逐渐干透。有的植物可能会在一周的最后几天开始枯萎，但是当您回来后，用水壶浇一些水，它们便能重新振作。在这个间断期，多肉和铁兰（*Tillandsia*）类植物将是最有耐受力的。

如果您经常旅行，这些植物可能是您最理想的选择。如果您要在夏天离开一个星期，至少请人来浇次水，或者使用一种下面的假期浇水方法。在您走之前，测试下您想用的方法，看看它究竟是否适合您。

植物看护

如果能够得到朋友或家人的帮助，请给他们留个便条，上面写清必办事项和护理时间。在离家前，将有着相似养护需求的植物分组摆放。在植物旁留下一个装满水的浇水壶以方便取用。不管去了哪里旅游，您最后都可以通过分享扦插枝条，或赠送一个可爱的花盆来报答帮忙浇水的临时植物看护。

蓬莱松（*Asparagus retrofractus*）

自动浇水装置

　　市场上有好几种类型的度假浇水工具。它们的工作原理类似，都是用水填满储水器后再将其插入土壤中，以达到缓慢释放水分的效果。不同尺寸、材质和方式的都有。如果您想回收利用玻璃瓶或塑料瓶，那赤土陶器桩再好不过了。只需给瓶子灌满水，将瓶颈插入陶器桩的钝端，翻转，然后将陶器桩插入土壤中。赤土陶器将缓慢地从瓶子中吸取水并将其转移到土壤中。如果用玻璃灯泡，可以将水直接注入主干部分，翻转并插入花盆中。要想让这些小工具发挥最大作用，在插到土里之前最好先将土壤润湿。

绿萝
白脉椒草（*Peperomia puteolata*）
镜面草

吸水线的小窍门

如果您不想在您的植物护理工具库中添加更多的小器具，您可以 DIY（自己动手制作）一个自动吸水芯系统，只需要柜台上的一点空间和一大罐水。首先，选择一个容器，它要能容纳足够多的水，在您离开期间能维持植物所需。将容器灌满水，然后将植物放置在这个盛水容器附近。植物应该放在有排水孔的花盆里，花盆应该放在托盘上，以便于捕捉杂散的水滴将其汇聚在一起。

接下来，为每一株植物剪下足够多的棉线。棉线要够长才能触及那个装满水的大容器的底部，并且在每个花盆的土壤中，棉线还要深入大约2.5厘米。可以用牙签，或者一根筷子轻轻地将棉线导引并埋进土壤中。最后，将棉线从植物花盆中牵拉到储水容器中。这样当植物需要更多的水的时候，它将经由棉线传导而从储水器中吸水。

工具、材料和
问题应对

料理植物并不需要装满各种设备的大型工具箱才能完成，但您要购买一些必备植物养护用器具。在家中的小橱柜里或在工作台上留出一小片空间。您将定期使用这些器具来让植物保持健康。我们在这个小节列出的物品是很有必要在您的工具库中存几样的，它们有着各种款式和不同的价格，当然通常都有价格低廉款可供选择。

虎尾兰 / 姬凤梨（*Cryptanthus*）

要购工具

刚果蔓绿绒（*Philodendron* 'Congo'）
金鱼吊兰（*Nematanthus wettsteinii*）
银毛球（*Mammillaria*）

容器

　　将植物与花盆配对是您对自己的植物收藏进行再创作的方法之一。通过您选择的容器，让您的个人风格焕发光彩。极简主义者可能想要看护使用平实的赤土陶器，或者购买全白或全黑的纯色容器来达到一种单色调外观效果。如果您更倾向于波希米亚风格或不拘一格的氛围，请将赤土陶器与具有鲜艳色彩、设计和纹理的花盆混合搭配。对于每种家居设计的风格，都有与之相应的植物容器的选择。

　　植物容器有许多不同的材质，从有网眼的织物到水泥。赤土陶器和中温陶瓷等多孔材料可吸收土壤中的水分，使用这些材料，可能需要浇水更频繁些。塑料花盆不透气，因而它们可以保持土壤湿润更久一些。因此，您经常会发现，像多肉和仙人掌这样的植物往往种在陶土盆里。而喜欢水分的植物，如蕨类植物和秋海棠则往往种在塑料盆中。一个最重要的规则在于：室内植物的花盆应该有排水孔，无论盆里面种植着什么。

　　如果您把心肝宝贝放在了没有排水孔的花盆里，也不用担心。有两种方法可以利用好没有排水孔的花盆。首先，如果您有钻子和金刚石钻头，可以钻出排水孔。其次，您可以使用没有孔的花盆作为一个缓冲盆。缓冲盆是一种装饰性的外部容器，它可以将塑料花盆藏在里面。浇水时，将植物从缓冲盆取出，并让其完全排水后再放回来。在缓冲盆底部可以放置一层碎岩石块，以便空气进一步流动并捕获哪怕最后一滴排下的水。

珍珠玉（*pearls and jade*）绿萝

土壤

我们在"我们最热爱的植物，以及如何养护它们"部分（第49页至第77页）中重点介绍的每种植物，都可以适用于从商店购买的标准室内植物"盆栽混合土"。我们喜欢标准混合土（不是硅藻土），是因为它们轻盈且透气，可以快速排水，可以为换盆重种的植物提供良好的初始营养。有许多品牌的室内植物的盆栽混合土。您可以寻找合适的标准混合土，它既能供养六个月，还能在六个月内缩减植物肥料的使用剂量。除了标准的盆栽混合土外，手头还可以备一些调节剂，它们用作土壤的补充调节物也很便利。这些成分可以使土壤更透气，同时还有助于避免土壤过潮或板结等常见问题。

土壤调节改良剂

珍珠岩

珍珠岩用于改善标准盆栽混合土的透气度。这种白色的火山玻璃质岩石轻盈且透气，通过在土壤中制造空间并防止板结来促进根系的健康生长，土壤板结的话可能会使根部窒息。

兰花植料树皮

对于具有较大根系的室内植物，例如龟背竹，兰花植料树皮可用于增加空气流通，并防止土壤板结。作为土壤补充调节剂，植料树皮的松散一致性为根部在土壤中生长和呼吸创造了空间。

蒙脱石

蒙脱石是一种浅棕色的黏土，用于帮助吸收和保留多余的水分，同时提供排水空间。作为多肉和仙人掌的添加调节剂，它特别有用。当蒙脱石周围的土壤干燥时，它可以让水分从这些岩石黏土颗粒中渗出来。

施肥

为了保持快乐和健康，您的室内植物需要不时地从外界吸取养分。重要的是，您需要知道自己选择的室内植物盆栽混合土具有足够的营养，以使植物在换盆重种后的六个月内保持健康。在六个月之后，就需要给植物添加养料，以保持美观以及良好的生长状态。市场上有好几种类型的肥料，包括颗粒、滴剂和泡沫型肥料。无论您选择的是哪种类型，请务必认真遵守包装上的说明指示。过度施肥会烧伤植物，并导致叶片脱落。肥料不应用于不健康、不成熟或正在休眠的植物。一般来说，植物长得越快、植株形态越大，所需要的养分就越多。应在春季和夏季这种植物活跃生长期施肥。我们在每种植物的简介中都给出了有关施肥频率的建议。

兰花植料树皮

蒙脱石

珍珠岩

盆栽土

如果存放空间不够，并且想在室内和室外使用同一个浇水壶，那么您可以找一个有可拆卸喷头的浇水壶。在室内使用时，请将喷头拆下，以免洒得太多、太远。如果植物遍布家中，可以考虑将不同的浇水壶塞在不同的植株收藏之间。在每次浇水后重新灌满浇水壶就会快得多，因为下次家务劳动时可以直接使用。

浇水壶

对于家务活，特别是浇灌植物来说，拥有合适的工具会大不一样。由于选择太多，对浇水壶的选择往往在于实用性或美观性。合适的浇水壶通常是二者兼具的。

对于室内使用的浇水壶来讲，最好有一个窄角喷嘴和一个小的倾倒口。窄角喷嘴可让您在叶片间控制水壶，这样就可以直接将水喷到土壤中。也可以常备带有莲蓬头（多孔宽喷头）的浇水壶，以便在户外使用，这样在更大的叶片表面洒水更合适。

珍珠玉绿萝
秘鲁火炬仙人掌（*Echinopsis peruviana*）

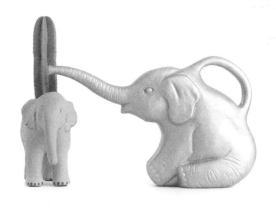

通气棍

每次浇水后，植物根系都会从潮湿的土壤中吸收水分。随着时间的推移，这可能导致土壤压实、板结，然后可能会导致根部窒息，并最终导致植株受损。要判断土壤是否板结，请观察水从花盆中排出的速度。干燥、板结的土壤极易从花盆中拖拉而出，因此水也经常从花盆两侧直接向下流动。

通气指的是通过松动土壤并在植物根部引入空气隧道来防止土壤板结的方式。在自然界，蚯蚓和穴居虫等生物在植物周围的土壤中爬行，为根部区域提供急需的氧气。

要在家里制作通气棍，所需的仅仅是一根足够长的筷子（或与之类似的坚固细棍），以便戳到花盆里。为了通气，只需将棍子戳到植物的土壤中反复几次。如果定期通气，在插入棍子时会感到阻力很少。接着就是您平日里的正常浇水程序。对于土壤压实、土壤板结较严重的植物，首先要弄湿土壤，然后用棍子轻轻地插进去，再轻柔地来回搅动，以松动根部区域土壤。可将通气棍存放在浇水壶附近或室内植物附近以便取用。每隔一段时间就在浇水时通通气，来保持土壤的透气度。

其他工具

照顾室内植物时，在您的工具包中备一些工具可能会派上用场。无论您是为了给植物换盆重种，创造一个玻璃花园，还是检查虫害，都有适合您的工具。小铲子和耙子（玻璃花园的配套工具）可以用来铲挖土壤，而长镊子可以很轻松地将植物植入小的区域内。

控制虫害

处理植物虫害可以分为三个步骤：预防、检查和根除。我们早在植物的购买和隔离观察期时，就为初期检测和预防奠定了基础。除非您在消灭昆虫方面有经验，否则，一旦您认为植物中有害虫，不管它有多么可爱，都不要买。不值得将其他植物暴露在侵害污染之中。在隔离观察期间，请密切关注新购植物，以确保将植物带回家后不会出现任何不想入目的东西。万一在植物上发现了害虫，了解您正在面对的虫害类型将有助于确定最佳处理方式。

预防

不健康的植物更容易受到病虫害的影响。预防首先在于提供充足的阳光和恰到好处的水量。浇太多水会导致土壤过于潮湿，植物根部腐烂，一些害虫喜欢以此为食。阳光和水分太少，植物会变得衰弱。由于阳光不能完全穿透灰尘和土垢，因此要经常用水清洗叶片以保持其清洁。对于较大的叶片，可以使用柔软的湿布来擦洗（挺像是在大扫除时的抹灰）。对于叶子更娇嫩的植物，小心地将植物浸入一碗水中，轻轻晃动植物。然后将植物翻转过来，让它在抖掉多余的水分后自然滴干。此外，如果您愿意，可以使用混合于植物盆栽土中、呈颗粒状的多种全效防虫药，以化学的方式来阻止害虫。

检查

当您给植物浇水时，可以近距离检查它们。蕈蚊通常最易被发现。它们类似于果蝇，生活在土壤表面，喜欢过度浇水的土壤，和顶部没有像碎岩石块这样的敷料层的植物。从土壤的上方，观察叶子的叶尖和叶根部位，并重点查看叶子和茎干相交的节点处。这里是蜘蛛螨最喜欢聚集的地方。它们的网非常易于辨认，而蜘蛛螨本身是显微级的，很难被看见。黏液残留痕迹也可能是虫害的标志，如蚧虫或蚜虫，它们会分泌黏液。粉蚧看起来像小的一团团白色棉花，它们通常聚集在茎干的接合处或植物汁液最多的地方。如果您在一盆植物上发现了以上这些害虫中的任何一种，请马上将该植物从植物聚集摆放的空间中拿走，并一定仔细观察它附近的每一株植物是否有蔓延的迹象。在您完全搞定之前，务必让受虫害影响的植物远离其他植物。

根除

如果及早发现，大多数虫害问题都可以在不使用化学杀虫剂的情况下解决。换盆重种可能是摆脱重度蕈蚊虫害的唯一途径。对于其他害虫，在一碗水中使用一滴或两滴中性的洗洁精，然后用软布擦拭受影响的区域。也可以在喷雾瓶中倒入上述溶液来进行喷洒，来减轻和去除害虫，这适用于比如蚧虫、蜘蛛螨和蚜虫类的虫害。喷涂该区域后，用干净的布再重新擦拭。用指甲或小工具（如牙签）来去除顽固的虫子。对于粉蚧，将棉签蘸上酒精后直接涂抹，然后再用干净的布擦掉。如果有害生物的侵袭仅限于植物的一部分，请考虑将该部分剪掉，在进一步蔓延之前把它丢弃。在较极端的情况下，最好的办法可能是大量地剪掉植物枝干，甚至直接把它扔掉。

也许你会损失一盆被修剪得只剩一盆土的植物，但那也比冒着感染其他植物的风险强，所以这时最好还是直接从一盆健康的、没有被感染的植物开始繁育为好。

龟背竹

我们最热爱的植物，
以及如何养护它们

准备好迎接近年来最受人欢迎的绿植吧！以下梗概介绍了我们培育过的植物中最为神奇、可爱以及生长最快的种类。我们将重点推荐那些可供长期养护的植物。同时，我们还将如何养护它们分成了五个基本方面：浇水、光照、土壤、施肥和繁育。因为并非每种植物都适于在每个家庭中培育，我们会尝试提供一个较为合理的分类法，包括小型、中型和大型植物，也有不同物种所接受的光照程度和耐受程度的划分。

常春藤（*Hedera helix*）／五棱角

龟背竹
Monstera deliciosa

龟背竹因其令人惊讶的叶子形状和尺寸，已成为家居植物中的明星。其独具一格的叶片形象在许多商业产品中都有出现，不论是茶巾还是咖啡杯都有。这种植物的昵称包括瑞士奶酪植物（swiss-cheese plant）和水果沙拉植物（fruit-salad plant）。它也经常被错误地称为裂叶喜林芋（phil-leaf philodendron）。龟背竹是与喜林芋不同属的植物，但它们都是天南星科植物的成员。未成熟的龟背竹植株有小小的心形叶子。更成熟的植株上长着具有标志性穿孔和裂洞的叶子。

浇水

当最上层约 2.5 厘米的土壤干掉时，就可以为之浇水了。要浇透植物，直到水从排水孔溢出来。哪怕在暴雨期间，也不要害怕将龟背竹这样的热带植物放在室外，甚至放在您的淋浴间也可以，它可以承受被水浸透。

光照

它们原生于雨林环境，习惯于被较高树木遮挡。在野外，它们甚至使用气根附着在树上，借此爬到很高的地方。在您的家中，您可能需要为龟背竹提供一个能模拟树干的表面，例如青苔杆（用苔藓覆盖的桩子或管子，在商店和网上随时可以买到）以供植物攀爬。

注意：要将它放在没有阳光直射的亮处。

土壤

标准的盆栽土可以用珍珠岩进行调节，以进行额外的排水和通气，但这不是必需的。每年春季都要给龟背竹换盆重种，为其庞大的根系提供新鲜的土壤和养分。只要根部能装下，并且在花盆中还能留有一点空间，那么花盆就不需要每年都更换为更大的尺寸。

施肥

可以在春季和夏季的活跃生长时期，根据包装上的说明和指引，为龟背竹使用标准室内植物肥料。

繁育

让龟背竹在水中生根，不仅简单，而且看上去很迷人。想要繁育龟背竹，用锋利的刀从一个叶节点的下方切下一段茎干。母体植物通常也会在您造的切口下方的某个地方发一枝新芽。将扦插枝条放到水里，每周换一次水。短短几周后，就会生根了。

一旦根长 10 厘米至 15 厘米长时，将扦插枝条转移种到土壤里就很保险了，在土壤里它将继续生长，最后长成一株新的植物。

紫叶酢浆草
Oxalis triangularis

紫叶酢浆草具有独特的色彩和特质，为室内植物收藏带来了大量新鲜的色彩和运动感。它白天叶子打开，晚上自己折叠起来。这些小宝贝也被称为紫色三叶草（purple shamrock），它们是具有球根的草本植物，也是超受欢迎的景观植物。在冬季，如果保持低温和干燥，它们的鳞茎状球根可以保持休眠状态。新的叶子会在春天萌发。在其他室内植物上，开花是很少见的，但是紫叶酢浆草在内部生长时，会长出小小的淡紫色花朵。酢浆草属植物是喜欢搜寻独特和多彩叶子的人必养的精品。

紫叶酢浆草的鳞茎状球根

浇水

以球根为根基的植物如果过度浇水的话会腐烂，因此，每次浇水前都要确保最上面约 2.5 厘米的土壤是干燥的。在冬季休眠期时不要浇水，但要保持球根低温、干燥。到了春天再开始浇水。

光照

要为紫叶酢浆草提供光线充足的地方，同时避免阳光直射。在户外，它在阴凉的空间中生长最好，所以要在家里模拟这样的环境。

土壤

紫叶酢浆草因具有鳞茎状球根而更喜欢排水良好的土壤。可以用珍珠岩来调节标准室内植物盆栽混合土，以增加其疏水性。

施肥

在生长的季节，可以使用标准室内植物肥料。如果定期施肥，紫叶酢浆草会变得更大、色泽更亮丽。

繁育

在休眠期，可以将它们的鳞茎分成几块，并在同一个花盆或分几个花盆重种。

镜面草
Pilea peperomioides

有什么比用一株植物更好来开始一段友谊？一株小小的镜面草，也被称作传递草（pass-it-on plant），从摩根在佛罗里达的房子出发，经过漫长旅程到达了埃琳在俄勒冈的家中。随后的故事，正如别人所言，创造了一段佳话。这个曾经小小的植株，现在已经可以孕育自己的孳息（母体自然孕育产生的子体植物），而这些孳息又被传递给了其他的植物爱好者。镜面草很容易养护，并且如此繁育后代小植株又是如此丰富，能分享它们真是太快乐了。它拥有睡莲浮叶形状的叶子和精灵古怪的轮廓，是室内设计师和植物摄影师的最爱。如果您有一株，很快就会繁育出更多！

浇水

如果镜面草缺水了，它的叶子就会下垂。每周浇透一次水，但是如果天气更热或者阳光更猛烈，可能就必须浇水更频繁些了。用土壤情况为您做指导：土壤绝不能干透，但是也不能使用土壤作为指导；不应让它完全干燥，但也绝不能过于潮湿。

光照

使镜面草长得好看的关键在于明亮的非直射阳光。放在朝南或朝西的窗户是理想的位置选择。这些植物会迅速地朝向阳光生长，因此为了确保生长均匀，要每周转一次花盆。这将创造一个更加匀称的外观。

土壤

对于镜面草，标准盆栽混合土就很好，但也可以使用兰花植料树皮或珍珠岩等补充物进行调节，以获得额外的透气和排水孔隙。有时候，孳息新生根会从土壤中冒出，所以这种植物不适合在土壤顶部附加一层碎岩石块，而这在栽培多肉或仙人掌时却较为常见。

施肥

可以在春天和夏天的生长活跃期，根据包装上的指示说明施用标准室内植物肥料。

繁育

用一把干净、锋利的小刀切下主干上旁生或从土壤中冒出的孳息部分。孳息部分在水中生根最好，但是也可以直接把它种到潮湿的土壤中去。几周之内根就会长出来啦。

三色紫露草
Tradescantia fluminensis 'Tricolor'

三色紫露草和它的近缘品种吊竹梅（同为紫露草属植物）一样容易养殖。虽然吊竹梅的叶子有银色和绿色斑纹，三色紫露草的叶子却是绿色、粉红色和奶油色的。在野外的许多地方，它们被认为是入侵物种，三色紫露草在作为室内植物养护时，生命力顽强，长得也很快。事实上，三色紫露草生长得如此之快，以至于经常变得过长而且多茎。长而拖垂的茎干可以任你修剪，以促进更密集的生长，从而获得更紧凑的外观。

浇水

三色紫露草不是特别喜水的那类植物，偶尔忘记浇水也没事。它接收的阳光越多，所需的水分就越多。如果三色紫露草健康，叶片会挺直、朝着光的方向。当它需要浇水时，叶片会疲软、下垂。

光照

带有浅色叶片的杂色植物通常比相对较深色的对照物需要更多的阳光，而三色紫露草也不例外。这种植物在非常明亮的光线下会茁壮成长，还可以每天接受几个小时从窗户直射的太阳光。应该根据光照，相应地调整浇水安排。

土壤

标准盆栽混合土非常适合这种低调的植物，无须调整。

施肥

对于这样一种好活的植物，每年施肥一两次就足够了。三色紫露草植物自身生长得如此之快，不需要太多的帮助。

繁育

　　因为三色紫露草生长得如此之快，不久它们就
会变得过于繁茂而难以驾驭了。这时，我们就会剪掉
其长茎，剪下最下端的叶片并放入水中。三色紫露草
叶片插穗的生根速度比我们繁育的其他植物都要快，
有时只需两天就能生根！它们在水中也容易很快萎
蔫，因此，一旦根部长到约 2.5 厘米时，就应该把它
移种回盆栽植物混合土中，然后我们便会迎来新一轮
的观察。

琴叶榕
Ficus lyrata

　　琴叶榕，俗称提琴叶无花果（fiddle-leaf fig），是当下最流行的一种室内植物。几乎所有的装饰杂志、设计师和家居博主都曾使用过琴叶榕的形象。凭借巨大的小提琴状叶片，它在无论哪个任何家庭中都是完美的装饰植物。尽管它很美，但对许多人来说，琴叶榕都挺难搞定。关键在于要为它找到一个好位置，你才能将它安置好。它不喜欢改来改去的方案，也不喜欢被挪来挪去。虽然这可能是一种相对挑剔的植物，但是在合适的养护和理想条件下，琴叶榕也可以让人叹为观止。

浇水

　　给琴叶榕浇水可能比较棘手。需要浇水的量取决于植物获得光照的情况。我们发现，当花盆最顶部几厘米土壤干透时，给它把水浇透是最合适的。一旦水排尽，一定要把多余的水从托盘中倒掉。这类植物不喜欢水过多。缺水的琴叶榕叶子会下垂。如果您看到了这一迹象，那就该浇水了。

光照

　　明亮、非直射的光最适合琴叶榕。它会朝向光照方向生长，因此，如果您希望它能够均匀生长，就需要不时转动植物的朝向。每周都用湿布擦拭叶片，去除污垢和灰尘。这将使植物尽可能多地吸收光照。

土壤

　　可以快速排水的室内盆栽土很适合琴叶榕。可以通过添加珍珠岩来增加根部所需的移动空间，以促进根系的良好生长。

施肥

　　在春天和夏天，根据指示说明来施肥。肥料将有助于琴叶榕生长旺盛，并将促进长出更大的叶片。

繁育

琴叶榕可以很容易地通过扦插枝条来繁育。从顶部切下一段带有三到四片叶子的茎干。把扦插枝条放入水中，等待根部生长出来。当根系长到10厘米至15厘米时，您可以很放心地将生根的植物移栽进土里。

喜林芋
Philodendron

喜林芋（也称蔓绿绒）是一类最常用的室内装饰性植物。它包括有数百种不同形状和颜色的物种，如银色、白色、黄色，甚至还有粉色。一些喜林芋是蔓生的，它们挂在悬吊的篮子里看起来非常可爱，或者在青苔杆的帮助下不断攀缘而向上生长。另外一些则是非蔓生的：每片叶子都从植物的中心生长出来。它们都是美丽的、易于养护的植物，非常适合初养植物的宝爸、宝妈。

浇水

大多数喜林芋的需水量情况大体相似。当顶部几厘米的土壤干燥时，浇水时只要浇透即可。喜林芋可以保持略微湿润，但不要过于潮湿。当叶子变得下垂或卷曲时，就需要浇水了。

光照

在野外，喜林芋在高耸的树木下方生长，这可以保护它们免受阳光直射。在家中，可以通过将它们放在一个带有透明窗帘的朝南或朝西的窗户处，来模拟它们的户外环境。这样既可以保护它们免受阳光直射，也仍然能获得足够的光照。

土壤

标准的室内盆栽土对喜林芋各物种来说效果很好。当土壤变得过于紧实时，用扦子捅一捅，以对土壤进行通气，使根部可以适当地吸水。大约每年要给它们换盆重种一次，当根部开始紧密地互相缠绕并从排水孔中生长出来时，就需要换盆了。

施肥

在春天和夏天，每隔几周根据指示说明，施用标准盆栽植物肥料。

繁育

您能通过茎部插穗轻松地繁育喜林芋。用一把干净、锋利的小刀，从节点的正下方，切下一段带有两三片叶子的茎干。将扦插枝条放入水中，等待根部生长出来。当根系长到 10 厘米至 15 厘米时，将生根的扦插枝条移栽进土里。

多肉植物
Succulent plants

多肉植物之所以如此命名，是因为它们有着丰满的、储存水分的肉质叶片。对于那些正在寻找较低养护需求的绿植爱好者来说，它们是很棒的入门级绿植。这类植物可以细分为不同形状、颜色和尺寸的品种，使得人们在收集它们的同时能得到无穷无尽的乐趣。从翡翠景天（*Sedum morganianum*，俗称玉缀）等拖垂品种，到像"有生命的石头"一样奇特的生石花（*Lithops*），多肉植物为家居植物的分组增添了精灵古怪的独到魅力。虽然外观各式各样，但大多数多肉植物的培育条件是相同的，它们都更喜欢明亮的光照、排水良好的土壤以及不那么多的水分。

流行的多肉品种

· 芦荟（*Aloe*）

· 吊灯花（*Ceropegia*，包括吊金钱）

· 青锁龙（*Crassula*，包括玉树）

· 拟石莲花

· 大戟（*Euphorbia*）

· 十二卷（*Haworthia*）

· 伽蓝菜（*Kalanchoe*）

· 景天（*Sedum*）

· 长生草（*Sempervivum*）

· 千里光［*Senecio*，包括翡翠珠（*Senecio rowleyanus*）］

浇水

在春天和夏天的生长活跃期中，多肉植物可以像其他家居室内植物一样进行浇灌。一旦表面约2.5厘米厚的土壤呈干燥，就要把水浇透。这可以每七天或者更久进行一次，具体取决于阳光和温度的情况。在冬天，多肉植物需要休息一段时间，每个月只需要浇水一两次。多肉植物不需要喷雾加湿，增加湿度对它们没什么好处。

光照

除了个别例外，多肉植物每天需要接受太阳光直射才能茁壮成长。南向的窗台是室内多肉植物的理想场所。十二卷是多肉植物的下面一个子集分类，它的生长不需要直射的太阳光，但还是必须要有明亮的非直射阳光才能生长。

土壤

疏水性是多肉植物用土的关键，因为这些植物在土壤太湿的情况下长得不太好。蒙脱石是一种很好的土壤改良剂，也可作为装饰性的顶部敷料。经过专门配制的仙人掌和多肉植物用土壤很容易就能买到，它使用起来很方便，而免得您还需要自己去配比和混合。

翡翠景天
十二卷
翡翠珠
拟石莲花

施肥

当肥料适宜时，多肉植物会变得更饱满，并开出更大、更亮丽的花朵。标准的盆栽植物肥料应用水稍做稀释，以防止烧伤植物。肥料应在春天和夏天里每个月施用一次。也可以购买专门配制的多肉植物肥料。

繁育

多肉植物的栽培现今已成为植物爱好者中颇为流行的嗜好，因为多肉很好养活，几乎不用怎么养护。多肉的任何部位都能变成新植株，无论是茎部插穗还是叶片插穗。一些多肉也会产生孽息，进而可以分离、成长为新的植物。其他植物的扦插枝条需要直接插入土壤或水中进行培育，而多肉植物的插穗在种植之前则需要几天的时间来晾干。一旦插穗部分的组织愈合结束，就可以在湿润的土壤里种植，稍稍浇点水就能搞定了。

仙人掌科植物
Cacti

作为室内植物，仙人掌科植物提供了很好的建筑学范本。它们中有的像仙人柱（*Cereus*）一样，高且呈柱状；有些呈矮胖的圆形，像银毛球一样；还有一些是宽叶且分枝的仙人掌属植物。它们的毛刺、钩刺、钉刺和突刺构成一种防御性结构，让您下意识想躲开，不然就会被扎到。如果在适宜的条件下栽培，一些室内仙人掌会在春天绽放出美丽的花朵，这可能会是它在一整个冬天被您忽视之后献上的一大惊喜。

浇水

像多肉植物一样，仙人掌冬天需要休息一段时间，这时您几乎可以不管它们。每月只用浇水一次或两次，足以让它们不枯萎，在此期间不需要浇透。随着天气变暖，到春天增加浇水量。在活跃的生长期间，仙人掌可以与其他室内盆栽植物一样地浇水。一旦土壤的顶部大约2.5厘米干透了，就要把水浇透，直到多余的水从底部排水孔溢出。

光照

仙人掌应尽可能全年都被放在尽可能明亮的光线下，如果可以的话，让阳光直射。朝南的窗户将提供最佳的光线。朝西的窗户可能也够，但是要具体取决于您所处的地理位置，不过，应避免放在朝北和朝东的窗户处。

土壤

使用可以快速排水的土壤，不用保持水分。用蒙脱石或者类似的颗粒物对土壤进行调节和改良，或直接使用市面上售卖的专门为多肉植物和仙人掌配制的土壤。仙人掌的长大并不需要太大的容器。

施肥

与多肉植物一样对待就行。把标准室内植物肥料用水稍做稀释，并将推荐使用剂量再缩减一半。在冬天的休息期间不要施肥。

繁育

处理仙人掌时，建议使用厚手套。可以通过茎干插穗、切下分枝或者孳息部分等方式来繁育它们。在放入土壤中生根之前，所有的插穗都需要先干燥几天。

雅光丸
烈刺玉（*Ferocactus emoryi*）
多刺丸（*Mammillaria spinosissima*）
明星（*Mammillaria schiedeana*）

虎尾兰属植物
Sansevieria

虎尾兰属植物（下文简称为虎尾兰）有 70 多个不同的品种。它们形状各异、大小不同，有长而厚的蛇形叶片，也有小而紧凑的莲台形状。有着绿色、白色和黄色等不同的颜色，这种植物和您家中的任何房间都非常搭。它们通常又被称为蛇兰（snake plant），由于能够适应几乎任何环境，因此养护需求低，被认为是一类最坚不可摧的植物。当获得理想的繁殖环境时，虎尾兰甚至能开出令人愉悦的花。

浇水

虎尾兰最常见的死亡原因是浇水过度（导致根腐病）。它们厚厚的叶子会长时间保存水分，因此只有在土壤完全干透后才需要浇水。当土壤干燥时，要把水浇透，直到水从排水孔溢出。务必立即清除托盘上多余的水分。

光照

虎尾兰在明亮的非直射光照条件下生长得最好。朝南或朝西、带有透明窗帘的窗户是室内最理想的栽培场所。它们也能在弱光条件下生存，但不会长得很茂盛。

土壤

虎尾兰属植物需要可以快速排水的盆栽土壤，花盆上要有排水孔。可以使用仙人掌或多肉植物专用的混合土壤将您的虎尾兰种植在赤土陶器中。或者，您可以在常规的室内盆栽混合土中添加珍珠岩或植料树皮等调节物进行改良，以提供更好的排水效果。

施肥

可以在春天和夏天的时候，按照指示说明施用一到两次室内植物用肥料。

繁育

要让虎尾兰属植物繁殖有几种方法。新植株可以从种子生长出来，也可从叶片插穗繁育而得，但最常见的方法是将子株从母株中分离。虎尾兰子株是通过水平生长的根状茎从母株上长出来的。将整株植物从花盆中取出并放在一张报纸上。使用一把干净而锋利的小刀，将根状茎切开。把新植株放入一个装有新鲜盆栽土的花盆中，并按照上面的说明小心养护。然后将母株植物栽回原来的花盆即可。

虎尾兰
圆叶虎尾兰

球兰
Hoya

球兰是一种美丽的开花植物。通常也被称为蜡兰（wax plant）或蜡花（Wax Flower），这些多肉质植物有许多品种。球兰的叶片有圆形的、长线条形的，甚至还有心形的。开出的花朵形状像小星星，一簇簇聚在伞状的圆球顶上。花的颜色各异，气味特别好闻。球兰植物是附生植物（能够在其他植物体的表面生长），而且它的结构十分有趣，这使它们成为完美的装嵌植物（参见第82页）。

浇水

球兰的叶片能够长期的储存水分。小心不要浇水过度，因为它们更喜欢干燥。当土壤快要干透时，再把水浇透，直到水溢出排水孔。花盆托盘上多余的水分要立即除掉。如果球兰缺水，它的叶子会变得疲软和下垂。在冬天，等土壤几乎干透后再浇水。

光照

球兰需要明亮的非直射光。它们不是耐阴植物，所以在带球兰回家之前一定要确保屋里有适宜的光照。将球兰摆放在一个有着透光窗帘的朝南窗户旁，是最理想的。

土壤

在它们的自然栖息地，可以看到球兰是在树上生长的。它们的根部生长在树皮的缝隙间，甚至就长在树皮上，这为它们提供了所需的空气和空间。在室内种植时，通过在盆栽混合土中添加珍珠岩和兰花植料树皮，来为它们提供排水良好的土壤。这将为根系的茁壮健康成长提供所必需的空间。球兰的根部喜欢充满盆，所以只有当根系盘绕并从花盆中冒出来时才需要换盆重种。

施肥

在春天和夏天的生长活跃期里，每四到六周给球兰施肥一次。

繁育

球兰能够轻易地通过茎干插穗来进行繁育。用一把干净、锋利的小刀切下一段15厘米至25厘米长的茎干。将最靠近切条下端（即茎干的切口处）的叶片摘掉，并将插穗放入室温的水中。一旦生出的根长至10厘米至15厘米，插穗就可以移栽到土里了。

凹叶球兰
球兰扦插枝条放入室温的水中
切尔西球兰

吊兰
Chlorophytum comosum

吊兰是一种开花植物，长有像蜘蛛腿一样又细又长的叶子，通常也被称为蜘蛛兰（spider plant）。吊兰是极易养护的植物，因而成了室内植物栽培的完美首选。成熟的吊兰会在长长的枝状茎上开出一朵朵白色的小花。吊兰的幼株生长在枝干的末端，当将其放入水中时会自己生根。巨大的吊兰如果悬挂在一个大的吊盆里，看起来非常漂亮，是绝佳的装饰植物。

浇水

一旦吊兰的土壤变干，就得把水浇透。最重要的是土壤的疏水性良好，并且不要过度浇水，因为吊兰很容易烂根。有时吊兰的叶尖会变棕色，这很常见，并不需要特别关注。叶尖变棕色是由于水中的氟化物导致的。想要防止这种情况，请为您的植物浇蒸馏水或者雨水。

光照

吊兰在明亮、非直射光下长得很好。如果放在阳光直射下，吊兰会开始褪色。为防止这种情况，请把植物放在一个带有透明窗帘的朝南或朝西的窗户处。吊兰也可以忍受较低的光照水平（但需要减少浇水）。

土壤

　　吊兰不挑剔，几乎可以在任何土壤中生长。可以添加些珍珠岩、蒙脱石或兰花植料树皮等改良调节剂，以改善土壤的疏水性。吊兰更喜欢把根扎满盆。当您看见根部紧紧缠绕在一起，或者根部从排水孔伸长冒出来时，才需要换盆重种。

施肥

　　使用室内盆栽植物的液体肥料。在春天和夏天的生长活跃期里，每四到六周施肥一次。

繁育

　　从枝干上轻轻地摘下吊兰的幼株，然后放进一杯水里。要确保水始终能没过植株的底部。一旦根系长出来了，就可以把吊兰幼株种植到上壤里了。

绿萝

Epipremnum aureum

　　绿萝在西方也常被称作葛藤（pothos）或魔鬼藤（devil's ivy），这种植物和它许多的栽培品种在苗圃、植物商店甚至家居用品商店里都能买到。栽培品种是在栽培中人工选择性繁殖形成的植物品种。黄金葛（golden pothos）、银葛（marble queen）、珍珠玉绿萝都是绿萝的栽培品种。它们的叶子各不相同，有杂色、大理石白色，甚至还有绿色和金色。每种类型都是独一无二的，但它们都有相似的养护方式。它们易于养护，可以适应不同的环境。由于它们在低光照条件下也能生长的能力，通常可以在商场、浴室和办公室隔间里看到绿萝的身影。它们生长迅速，悬挂在篮子里会垂得很好看，也可以顺着青苔杆往上攀爬。

浇水

　　当盆顶几厘米的土壤变干时，给绿萝浇水。在土壤上均匀地浇水，直到水开始溢出排水孔。不要让土壤完全干透再浇水。

光照

　　绿萝在明亮的非直射光下长得最好。白色或淡黄色、大理石花纹的栽培品种将需要最多的光照，以保持其花斑叶片的现象。如果花斑叶种没有获得足够的光照（能量），它们会在新长出的叶子中失去花斑的性状。此外，一些绿萝植物可以在光线不足的情况下仍然生长良好。

土壤

对绿萝这种植物来说，常规的室内盆栽土效果就很好。您也可以选择添加了珍珠岩的盆栽土壤（或者直接在普通土壤里添加一些珍珠岩），以促进空气流通和根系生长。如果需要的话，每年给绿萝换盆重种一次。如果不需要对绿萝进行换盆重种，可以在花盆土的最上层铺上一层新土。这将补充植物的营养成分。

施肥

没有必要太频繁地给绿萝施肥，因为即便不额外添加养料，它的生长速度也已经很快了。每年喂一次或两次标准室内盆栽植物的肥料就足够了。

繁育

绿萝是一种极易繁殖的植物。可以从叶片节点的下方截取并制作插穗，并将它放到水里生根。插穗可以在水中自由地生长下去，或者可以在根部长到10厘米至15厘米时将其种到盆栽土中。这种植物也非常适合养在鱼缸里。它们会在水中生根，并且有助于过滤掉水中的毒素。

铁兰
Tillandsia

铁兰是一种凤梨科（Bromeliaceae）开花植物，俗称空气凤梨（air plant），这些美丽的植物可以在没有土壤的条件下存活。大多数铁兰为附生植物，这意味着它们生长在其他花草或树木的表面，并从周围的环境中获得营养。在沙漠、山脉和森林中可以找到它们，但是它们也能很好地适应室内环境，因此它们也是相当好养活的家居植物。可以买一些框架、支架和小夹子等产品来摆放和展示铁兰。或者也可以使用软木和棉线来 DIY 一些有趣的悬挂展示台。

浇水

在一个干净的碗里加水，随后将铁兰放到里面浸泡 10 分钟至 15 分钟。然后将植株从水中取出并抖落多余的水珠。将铁兰头朝下地放在一块毛巾上，让植株内部多余的水都能流出来。一旦植物摸上去干好了，它们就可以被放心地放回展示的空间或窗台上，而不用担心发霉或者腐烂掉。浇水的频率取决于它们接收的光照量。随着时间的推移，您将慢慢了解您的植物，并能够看出来什么情况下缺水了。对于铁兰，可能的缺水的迹象包括叶片开始卷曲，或整株植物摸起来开始变得又硬又脆。如果在两次浸水期的中间，您觉得它看上去有些轻微缺水，也可以给它稍微喷点水雾。

光照

光对于您的铁兰是非常重要的，因为这决定了需要的浇水量。它们需要明亮的非直射光线，不过也可以稍微晒一晒直射的阳光。为了确保铁兰获得足够的光照，把它们放在窗台上或者窗台附近即可。

土壤

铁兰是十分受欢迎的装饰植物，因为它们的生存不需要任何土壤。

施肥

铁兰用肥料可用于促进花朵的生长。可以在网上以及许多植物商店里买到预制混合肥料的喷雾瓶剂，或者可以加到浸泡铁兰的水中的粉末状肥料。

繁育

铁兰从母株植物中生出幼株或者子株。当幼株达到母株植物的四分之一到三分之一大小时，幼株可以从母株上分开。用手轻轻地将幼株从母株上撬下来。一旦分离后，就可以按照上述铁兰的一般养护说明进行照顾了。

DIY 小项目

在家中培育植物意味着您需要腾出一个能够悬挂、展示植物的空间，用以标榜它们的存在。试试这些极易上手的 DIY 小项目，制作一些别具一格、在家居饰品店货架上无法找到的物件。此外，您可以根据自己特定的偏好和空间要求，来对每个小项目进行调整。还可以邀请朋友一起制作，办个满是植物的手工聚会。这些 DIY 项目能做出一些很棒的礼物。

袖珍椰（*Chamaedorea elegans*）／铁兰

植物装嵌

把植物装嵌起来是一种简单而有趣的方法，可以为您的家庭带来一抹绿色。您桌面没什么空间可以放植物？把植物装嵌，然后挂起来是个完美的解决方案。这种生活艺术品几乎和任何家装风格都很搭，从现代简约风到波希米亚风。只需从您当地或网上植物商店买一些用品，您就可以马上开始制作装嵌的植物。

在您开始之前

植物的大小应该和木板的尺寸相符合。如果您知道要装嵌的是哪种植物，请选择与植物尺寸相配的装嵌板。或者，如果您找到了绝佳的装嵌板，可以用它来激发您关于植物选择的灵感。

所需物品

· 保存好的苔藓薄层
（来源要可靠）

· 一杯水

· 剪刀、铅笔、锤子

· 金属丝或者钓鱼线

· 套装壁挂组件

· 装嵌板推荐：
雪松护篱木板、软木（栓皮）、浮木

· 装嵌植物推荐：
球兰、细枝丝苇、喜林芋

· 小钉子
（要短，但是钉头要大）

细枝丝苇（*Rhipsalis lindbergiana*）
三棱苇（*Lepismium cruciforme*）
凹叶球兰

步骤

1. 将苔藓在水中浸泡几分钟。

2. 剪下 0.9 米至 1.2 米的金属丝或者钓鱼线并放在一边。

3. 根据包装上的说明，将壁挂组件安到装嵌板的背面。

4. 将植物从花盆中取出，在根部留下一些粘连的土壤。

5. 把植物的根部包裹在潮湿的苔藓中，并将其放在板子上。

6. 在苔藓包裹的根外面用笔在板子上画一圈。将植物放在一边。

7. 沿着画好的圆圈，将 6 至 12 个钉子钉进板子的正面。

8. 随便选个钉子，将钓鱼线或者金属丝的一头牢固地系上去并打好结。

9. 将植物放在刚画的圆圈的里面。

10. 用金属丝呈十字形拴绕苔藓，在钉子之间来回交叉拴系，在每个连续的钉头绕圈，确保一圈圈铁丝网包住苔藓裹着的根部。

11. 一旦植物被固定好了，把金属丝系在最后一个钉子上搭界，并切掉多余的金属丝。

照顾和养护

· 建议清单中的植物需要明亮的非直射光照。

· 浇水，将木板泡在室温水中约 30 分钟，注意要浸没植物的根。让木板滴干后再挂回墙上。当苔藓不再潮湿时，根据需要重复上述步骤。千万请记住，装嵌的植物需要比盆栽植物更频繁地浇水。

· 根据需要，通过修剪掉老叶或者变黄的叶子来修剪植物。

· 如果植物长大了，用相同的步骤将植物重新装嵌到更大的木板上。

玻璃花园

玻璃花园是由土壤、岩石、沙子和植物等元素组成的独立生态系统。对于空间有限的人来讲，这种植物再合适不过了，因为植物只能长大到容器那么大。玻璃花园只需要最低程度的养护，因此对于那些经常出行或根本没有时间照顾植物的人来说，玻璃花园是超级棒的选择。按照下面这些简单的步骤来设计您自己的玻璃花园。它将成为家庭或办公室中出彩的装饰。

它是怎么运作的

密封玻璃花园接收来自太阳的光和热。它应该被放置在明亮、非阳光直射的环境里。玻璃花园内的水分蒸发，凝结在玻璃上，然后沿玻璃内壁流下去，为植物提供水分。被密封进玻璃花园内的空气不断地被植物回收利用，简单地说，它们在白天消耗二氧化碳，并光通过光合作用产生氧气和养分，在夜间消耗氧气生成二氧化碳。这是一个自我维持的小型封闭环境。在玻璃花园中苗壮成长的植物包括蕨类、苔藓、兰花和喜林芋类植物。

心叶蕨
姬凤梨
花叶冷水花（*Pilea cadierei*）
非洲堇
小蹄盖蕨（*Athyrium filix-femina*'Minutissimum'）

所需物品

· 带软木塞或可密封盖子的玻璃容器

· 红色熔岩石块

· 漏斗（可选）

· 活性炭

· 土壤

· 装饰性沙子（可选）

· 小型热带植物和苔藓类植物推荐：
  蕨类、兰花、喜林芋、姬凤梨、
  非洲堇（*Saintpaulia*）、
  椒草（*Peperomia*）、
  网纹草（*Fittonia*）、
  枪刀药（*Hypoestes*）、巴豆（*Croton*）

· 工具（小木棍、玻璃花园用镊子）

· 装饰岩石或沙砾（可选）

· 喷雾瓶

在您开始之前

　　您需要的材料将取决于玻璃容器的大小。添加材料层时，请切记在添加植物之前，就有多达四层必需的成分。一定要确保在植物之间，以及植物和玻璃容器的顶部留出足够的空间。您可以每隔5厘米至7.5厘米种植一株小型植物，因此，如果您的容器直径为12.7厘米左右，您可以放心地栽上两株小植物。并非所有植物都适应新的环境。如果植物变成褐色或死掉，请马上进行更换。

步骤

1. 在玻璃容器的底部放上一薄层红色熔岩石块（可以使用漏斗将石块和土壤引向容器底部）。

2. 在熔岩石块的上面添加一薄层活性炭。

3. 接下来，在容器中铺上一层土壤（2.5 厘米至 5 厘米厚）。

4. 如果您选择使用装饰性的沙子，那么现在就放。如果不放，那就再加 2.5 厘米厚的土壤。

5. 确定好您想把植物或者苔藓放在什么位置。用小木棍戳一个小土坑，以容纳每一株植物。

6. 用镊子把植物放入小土坑，然后用土壤轻轻覆盖植物。

7. 如果您愿意，可以在没放植物的区域的土壤上面添加装饰性的石块或砾石。

8. 一旦所有东西都符合您的喜好了，请使用喷雾瓶喷湿玻璃容器的内壁。这有助于去除灰尘并给予玻璃花园最初始的水源。

9. 封上您的玻璃花园，您就搞定了。

心叶蕨
枪刀药

手捏花盆

这些用风干黏土做的手捏花盆好玩、简便且制作成本较低。可以用它们来装饰自己的家，或者把它们作为礼物赠送给同样爱好植物的朋友。可以通过增加纹理和设计造型来获得新意，或者让其保持自然来获得更有现代感的外观。它们可以涂上颜色，或者系上不同颜色的绳子来美化。这些手捏花盆是展示您最喜爱的铁兰的绝佳方式。

在开始之前

用羊皮纸设置一块工作台。风干黏土不会弄得太杂乱，但您肯定想保护工作台面免遭干黏土痕迹和水渍的污染。要先洗手，以防止手上的污垢或油脂揉进黏土。要制作巴掌大小的手捏花盆，请使用直径约 5 厘米的黏土球。在给花盆上色或者悬挂使用之前，要让花盆先干燥 24 小时。

铁兰

所需物品

· 工作台面和羊皮纸

· 风干黏土
（可在工艺品店和网上买到）

· 一小杯水

· 筷子或竹签子

· 用于悬挂花盆的细线、丝带或麻绳

· 剪刀

· 尺子／卷尺

· 铁兰

步骤

1. 揪下一块风干黏土，用双手手掌将其滚成球形。

2. 用一只手拿住黏土球，将另一只手的拇指戳进黏土球的中心。

3. 用拇指和食指，开始捏黏土的内外两侧，边捏边转动。

4. 如果黏土出现开裂或变硬，在必要时可加一点水。

5. 继续转动并捏塑，直到变成您想要的花盆的形状。不要使花盆的厚度小于 0.6 厘米。

6. 取竹签子，在花盆顶部的边缘附近均匀、等分地开三个单独的孔。

7. 将黏土花盆放在羊皮纸上，让其干燥 24 小时。

8. 决定想要的花盆挂绳的长度。取出三根绳子，注意每根绳子的长度应该是想要悬吊高度的两倍（因此，如果您希望将手捏花盆悬吊至 30 厘米高处，那么三根绳子每根都要有 60 厘米长才行）。

9. 将每根绳子穿过一个孔，将所有的绳头从上面拉到一起，并拴在一起。

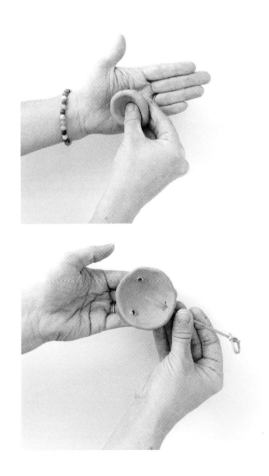

植物立架

对于具有拖垂习性的植物，例如琥珀椒草（*Peperomia prostrata*）或翡翠珠，植物立架有助于突出长叶和枝条的美丽。当然，您可以把任何东西变成植物立架，不论是一摞古董书还是一张小茶几都可以。但是，如果您像我们一样也有 DIY 的精神，这个小项目将让您在家中拥有一件独特的东西和真正属于自己的风格。当植物立架做完后，可以通过在木腿上涂些彩色条纹来为它增添光彩，甚至还可以把水泥涂成与家中装饰相匹配的颜色。

紫叶酢浆草

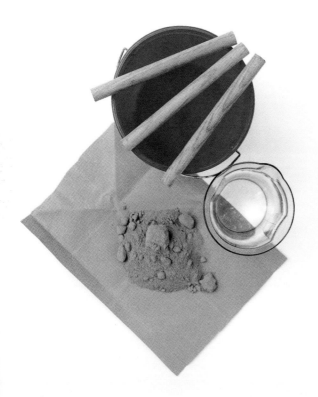

所需物品

· 塑料容器
（清洁、干燥，用作模具）

· 记号笔

· 食用油滴液瓶

· 快干水泥粉

· 水

· 用于调配水泥的空碗

· 搅拌棒

· 用于做架子腿的木棍或铜管

· 砂纸

· 以防架子腿松动所使用的高强度
手工胶水

· 手工漆和油漆遮盖胶带
（如果您想添加装饰元素）

在您开始之前

您选择作为模具的容器的内底形状，将成为做好的植物立架上面的基座的外形。因此，如果您想要特别点的外观，请仔细选择。比如说，如果您想要一个方形的立架，就用个方的容器。如果塑料容器上找不到适合的形状，可以使用纸壳制容器。但是，塑料的表面更光滑。容器中的任何凹槽、褶皱、缺口或刻字都会显示在您的成品上，因此请找个光滑点的东西。

在将混合的快干水泥浇注入容器之前，确定您想要多厚的基座。使用记号笔画一条标记线（我们推荐1厘米至5厘米处）来标记位置。水泥很重，因此基座的厚度应该和架腿的长度匹配，这很重要。千万不要做5厘米长的基座，而支撑的架腿却做得太短。

将架腿截成想要的高度。请注意，它们要被插进水泥中 0.6 厘米至 1.2 厘米深，所以如果您想要特定的高度，别忘了把这点长度加进去。如果您从五金店购买材料的话，商店会帮您截好。不然，要么就去工艺品店买预切好的木棒。或者如果您有必要的工具，自己在家截也行。

此外，在您倒水泥之前，想好要把架腿放在容器的什么位置。一旦您把水泥浇注进容器，您就必须加紧速度弄了，因为大部分的水泥混合好后都会快速凝固。将架腿两两等距离地插在靠近容器中心的位置。

塑料容器可以在水泥干后重复使用，因此如果您在开始混合和浇注水泥之前准备好所有必需材料的话，那么一次性可以做好多个复制品。

镜面草

粉红喜荫（*Episcia* 'Pink Smoke'）

垂缎草（*Pellionia pulchra*，又名花叶吐烟花）

五棱角

步骤

1. 揪下一块风干黏土，用双手手掌将其滚成球形。

2. 根据包装上说明，混合并搅拌水泥。一般来说，水泥粉末与水的配比是 1:1。每个植物立架所需的混合水泥量各不相同，但是肯定用不了一整袋水泥。找一个和加工模具大小差不多的碗来混合水泥，这样就很容易判断要用多少量了。搅拌并调整水泥粉量或加水量，直到混合物变成浓稠的糊状物。

3. 将混合物倒入或舀入预先喷过油的容器中，直到溢过之前画好的刻度线。把容器放到一个平面上，然后轻轻敲打或者晃动，以释放水泥混合物中的气泡。剩下的水泥可以倒入塑料袋中扔掉。

4. 将架腿插入水泥混合物中，至少 0.6 厘米深，但最好再深一些。小心别让它们穿出整块水泥的厚度。调整架腿，使它们向外张开。尽量把它们等距放好，但也不要苛求完美。这些自制的立架要有点特殊性看上去才好看。水泥混合物凝固的过程中，您可能需要短暂地用手将架腿固定在位子上。

5. 让立架干燥并固定 24 小时。

6. 翻转立架，然后把容器模具提起来。喷过的食用油应该会让拆卸变得很简单。如果有瑕疵，用砂纸打磨掉即可。

7. 如果 24 小时过后架腿松动了，请在架腿和孔洞之间使用高强度手工胶水将其固定到位。将立架正面朝上，以便在胶水黏合两个表面时多点压力。

8. 要为木架腿上色，请在不想要油漆的地方使用遮盖胶带，然后用刷子刷漆涂色。如果水泥基座足够厚，能显出装饰条纹的话，您也可以给它上色。

粉红喜荫
长生草
天宝花（*Adenium*，俗称沙漠玫瑰）
银毛球
琥珀椒草
百万心（*Dischidia ruscifolia*）

配挂钉板

配挂钉板非常适合小型空间，可以让植物摆放得整齐有序，让宠物和孩子无法够到。您可以垂直地展示小型植物，并且用多种不同方式来体现它们的风格特色。配挂钉板可以在网上找到，也可以在当地家居用品店买到。它们有各种不同材质，比如金属、塑料和纤维材质的板子。在这里，我们用了纤维材质的板子，可以买原色或者白色的。你可以轻松为自己定制想要的效果：给板子涂上任何您喜欢的颜色，并用上各种不同配件，为您的家居打造绝佳样貌。

在您开始之前

墙上要用的相框的尺寸可以是您选择的任意大小，但是它不能比您现有的配挂钉板还大。将配挂钉板切割成与相框里面的玻璃板同样的大小。玻璃板就不用了，您可以丢掉，或者留作他用。您的配挂钉板应该足够大，以容纳您将要使用的配件和植物。我们建议采用 40 厘米 ×50 厘米或更大的尺寸。如果您计划给配挂钉板涂漆，请在油漆干燥至少 24 小时后再完成这个项目。

所需物品

· 带有封闭卡舌（能紧紧夹住背衬板的金属片）的墙面相框

· 配挂钉板

· 铅笔

· 手锯

· 钉子

· 配挂钉板用的挂钩、挂钉和小架子

· 植物
（小盆植物、装嵌植物、玻璃管中的植物扦插枝条、铁兰等）

步骤

1. 从相框上取下玻璃板和背衬板，并放在一边。

2. 小心拿取玻璃板，将其放在配挂钉板的上面，水平方向和垂直方向要和孔列的方向平齐。然后用铅笔在钉板上勾勒玻璃的轮廓，构建好切割线。

3. 用手锯沿着画线切割钉板，然后将钉板嵌入相框的边框里。用封闭卡舌固定好，然后用钉子将带框的配挂钉板挂在墙上。

4. 将挂钩装到钉板上，然后开始用植物进行装饰。

配挂钉板用小篮子是容纳小型盆栽植物的理想场所。装嵌植物可以很好地悬挂在小钩子上。为您配挂钉板上的植物展示添加一些像植物艺术品或压花等最后的润饰，以增添个人情调。

无框钉板选项

您的配挂钉板也可以选择不用框架。您可以直接将配挂钉板挂在墙上，在每个角上都钉一个干壁钉固定。在墙壁和配挂钉板之间使用螺母限位，来为伸入钉板后面的钩子容留足够空间。

凹叶球兰
铁兰
心叶蔓绿绒
三色紫露草

与植物一起生活

在家居装饰中使用植物元素是一种潮流，还不会过时。植物可以搭配任何室内风格，从波希米亚风格、现代风格再到经典风格和其他不同风格。选择符合您个人风格的室内植物很容易，因为它们有各种各样的形状、颜色、纹理和大小。无论您拥有一株植物还是许多植物，都可以轻松地打造一个绿色的生活空间。

印度榕（*Ficus elastica*）/ 翁柱（*Cephalocereus senilis*）/
鸡冠柱（*Lophocereus schottii Monstrose*）/ 仙人掌（*Opuntia*）

植物单株秀

单株植物十分适合在大空间中摆放，它们会成为关注焦点。将植物种在花盆里，花盆要与您装修的色彩相搭配。为了增加高度，可以用植物立架来支撑植物。

单株植物的绝佳选择

· 龟背竹

· 吊兰

· 印度榕

· 琴叶榕

· 吐烟花（*Pellionia repens*）

植物分组秀

这里要提到室外景观园艺师熟悉的植物分组专用描述：吸睛植物、点缀植物和蔓延植物。在对植物进行分组时（无论室内还是室外），这句话可以很好地提醒您，哪些植物能很好地组合在一起。"吸睛植物"是指那些高大的植物，可以从其他植物中以醒目而大胆的方式脱颖而出。"点缀植物"往往不那么夺人眼去，但生长良好，也易于护理。"蔓延植物"是指能长出花盆，垂出长长枝条的垂悬植物。运用这三种类型在家中为植物创建分组，将会令房间的任何一个角落产生视觉愉悦感。

悬吊植物吧

不要局限于窗台和桌面：另一种展示植物的方法是把它们悬挂起来。植物的挂绳有多种款式，包括串珠、流苏、带状或简单的花边绳结。根据您的可用空间和光线，植物的吊架可以在墙上挂着，或直接悬挂在天花板上。

悬吊植物的绝佳选择

· 星点藤

· 绿萝

· 琥珀椒草

· 吊金钱

· 吊兰

· 心叶蔓绿绒

· 细枝丝苇

· 球兰

容器也有趣

通过将植物放入一些令人感到意外的容器，来创造一些奇思妙想。这类想法是无穷无尽的，从咖啡杯中养的蕨类植物，到玩具恐龙中养的多肉植物。可以在迪斯科球上挖出一个洞来放下现有的花盆，来展示魅力。或者可以把植物放置在鸟笼里，让叶子爬上去或者垂下来，以打造梯度。或者在微型的花盆中养迷你仙人掌和迷你多肉，来获得更为可爱的外观。选择有意思的容器时要有创意，但也别忘了疏水性。如果您无法在所选容器上添加排水孔，请减少浇水量，或者在浇水时使用可拆卸的塑料花盆。

各种植物架

　　植物架是另一种有趣的使用植物来装饰家居的方式，它们提供了很多超棒的拍照机会。您可以根据自己的喜好在植物架上摆放或多或少的植物，但我们相对更喜欢充满了植物的植物架。立方体书架非常适合容纳盆栽植物，它们可以装订在墙上或单独放置在地面上。茶几、窗台和壁炉架也为植物的展示提供了绝佳的空间。

过有植物的生活

有的人在童年时，家里就充满了绿色的植物。长大后，他们自己便成了园艺好手。还有的人在后来的生活过程中，通过阅读家装杂志、观看园艺节目，或者关注"室内植物俱乐部"等社交媒体的账号而爱上了植物。无论您为什么走到这一步，过有植物的生活都是一种充满回报且贯穿一生的尝试。与其将室内盆栽植物的养护视为一项日常家务，还不如将其作为休闲娱乐和折射生活中微小奇迹的瞬间。当您知道，在充满爱心的养护下，球兰冒出了花蕾，或者您的虎尾兰长出了一片新叶，而您就是那个实现这一切的人——这可以带来巨大的满足感。

再前进一步，可以与志同道合的人分享您对植物的热爱。找找看您所在地区是否有可以交易植物或交换植物扦插枝条的小群体。这是一个绝佳的方式，您可以把知道的东西教给别人，与此同时也可以向身边的人学习。要和当地的植物商店和苗圃熟络起来。许多店铺和苗圃都会提供出色的工作坊和课程，里面会有与植物相关的活动和 DIY 小项目。

尝试动手设计植物摆放的构图来拍照，然后在线上分享。捕捉最爱的植物挂在一个绝妙复古花边绳结上的形象，或拍摄一些摆在窗台上的多肉植物。这一切都有一个标签。看看世界各地的人们为了培养快乐的室内植物都在做些什么，以及他们是如何将绿色植物融入生活中的。通过"室内植物俱乐部"加入我们，和我们分享日常的植物灵感。可以与其他也决定过有植物的生活的人保持联系。

绿萝

关于作者

摩根·多恩 | Morgan Doane

　　摩根和丈夫布赖恩·多恩（Brian Doane）以及他们的小狗福斯特（Foster）住在佛罗里达坦帕市。她喜欢翡翠珠、镜面草和龟背竹，她最喜欢的展示方式是把它们种在她旅行时收集的花盆里。当不在栽种、修剪、浇水或拍摄自己的植物组合时，她喜欢参观植物园，并在户外寻找灵感。

埃琳·哈丁 | Erin Harding

　　埃琳和丈夫蒂姆·哈丁（Tim Harding）以及儿子奥利弗（Oliver）、奥蒂斯（Otis）住在俄勒冈波特兰市。20多年前，她购买了自己的第一株室内盆栽植物，现在依然与80多种室内植物一起分享着她的家。埃琳喜欢和儿子们一起在家里待着，教给他们有关植物的一切，从设计他们自己的乐高玩具花盆到球兰植物的装嵌。当她有空闲时间时，她喜欢在当地的植物商店闲逛，以及与蒂姆相约共进晚餐。

致谢

当您和一个"植物系人"一起写书时，您必须承受很多事物。要应对没完没了的瓶瓶罐罐，里面生长着繁茂的植物，它们的枝叶等待着修剪；要清理无可避免的碎渣堆，往往是赤土陶器打碎了留下的；还有撑开的三脚架，它会在你迈入房间时绊倒你。出于以上这些和其他许多原因，我们最感谢的首先是我们的家人。

感谢布赖恩·多恩，他总是举着反光板，照顾着镜面草，在半夜里为植物搭建繁殖基地。感谢小摩尔基犬福斯特，谢谢它没有吃掉这些家养盆栽植物。感谢特里·哈姆里克（Terri Hamrick），感谢她十几年来作为"植物系女士"的灵感。

感谢蒂姆·哈丁，谢谢他不断的爱、支持与逗人发笑的放松方式。感谢奥利弗和奥蒂斯，谢谢你们总是在我身边，伸出小手帮忙。感谢鲍勃（Bob）和梅瑞·沃克（Memry Walker），谢谢你们总是支持着"室内植物俱乐部"。

许多其他人以各种方式为这本书的出版做出了贡献。我们要感谢以下朋友奉献的知识和帮助。感谢阿曼达·加文（Amanda Garvin）提供的摄影指导。感谢布赖森·莫斯利（Bryson Mosley）为我们带来他的龟背竹。感谢科里·保罗·贾雷尔（Cory Paul Jarrell）提供的满满一车的植物。感谢罗斯福玻璃花园店（Roosevelt's Terrariums）的格雷格·哈里斯（Gregg Harris），在他的休息日营业，让我们玩土玩了个痛快。感谢杰米·欧·贝里（Jamie O'Berry），因为她提供了多肉植物的专业知识。感谢凯林·布朗斯坦（Caryn Braunstein）以及伊曼纽尔·里特纳（Emmanuel Rittner）、卡伦·科诺普卡（Kalen Konopka）和达娜·塞思·华莱士（Dana Seth Wallace）：感谢你们邀请我们进入家中，我们希望没有留下任何污垢！本书中许多植物的图片来自我们最喜欢的三个苗圃。感谢贾斯廷（Justin）和科斯塔庄园（Costa Farms）的所有人，在坦帕市和波特兰市为我们提供美丽的室内植物。感谢无忧苗圃（Fancy Free Nursery）的罗比（Robbie）和梅甘（Megan），以及花蕊苗圃（Pistils Nursery）的杰西（Jesse）和阿里安娜（Ariana），感谢你们为我们打开店铺，允许我们拍摄出你们那令人惊叹的绿色植物。

感谢切尔西·爱德华兹（Chelsea Edwards）和扎拉·拉坎布（Zara Larcombe），以及劳伦斯·金出版公司（Laurence King Publishing）的团队，感谢你们支持一本关于植物的书，并且帮助我们亲眼看到梦想之花结出果实。也要感谢马苏米·布瑞索（Masumi Briozzo）设计了一本这么有趣的书。能和这么一支优秀的团队合作，我们感到非常幸运。

最后，我们要感谢"室内植物俱乐部"的社群，筹集了这么多快乐的室内植物并与我们在线上分享。爱你们的，摩根和埃琳。

科斯塔庄园
佛罗里达，迈阿密
Instagram 账号名：@costafarms

无忧苗圃
佛罗里达，坦帕
Instagram 账号：@fancyfreenursery

室内植物俱乐部
俄勒冈，波特兰；佛罗里达，坦帕
Instagram 账号：@houseplantclub

O'Berry's Succulent
佛罗里达，圣彼德斯堡
Instagram 账号：@oberryssucculents

花蕊苗圃
俄勒冈，波特兰
Instagram 账号：@pistilsnursery

Roosevelt's Terrariums
俄勒冈，波特兰
Instagram 账号：@rooseveltspdx

盆栽象（The Potted Elephant）
俄勒冈，波特兰
Instagram 账号：@thepottedelephant

图书在版编目（CIP）数据

我与植物的恋爱：美好植物饲育手记 ／（美）摩根·多恩，（美）埃琳·哈丁著；袁少杰译. —— 武汉：华中科技大学出版社，2020.6
ISBN 978-7-5680-3498-2

Ⅰ. ①我… Ⅱ. ①摩… ②埃… ③袁… Ⅲ. ①观赏植物-观赏园艺 Ⅳ. ①S68

中国版本图书馆CIP数据核字(2020)第029136号

本作品简体中文版由Laurence King Publishing授权华中科技大学出版社有限责任公司在中华人民共和国境内（但不含香港、澳门和台湾地区）出版、发行。
湖北省版权局著作权合同登记　图字：17-2019-278 号

我与植物的恋爱：美好植物饲育手记　[美] 摩根·多恩 [美] 埃琳·哈丁 著
Wo yu Zhiwu de Lianai: Meihao Zhiwu Siyu Shouji　袁少杰 译

出版发行：华中科技大学出版社（中国·武汉）　　电话：(027) 81321913
　　　　　北京有书至美文化传媒有限公司　　　　(010) 67326910-6023
出 版 人：阮海洪

责任编辑：莽　昱　杨梦楚
责任监印：徐　露　郑红红　封面设计：邱　宏

制　　作：北京博逸文化传播有限公司
印　　刷：北京汇瑞嘉合文化发展有限公司
开　　本：720mm×1020mm　　1/16
印　　张：8
字　　数：32千字
版　　次：2020年6月第1版第1次印刷
定　　价：79.80元

本书若有印装质量问题，请向出版社营销中心调换
全国免费服务热线：400-6679-118　竭诚为您服务
版权所有　侵权必究
华中出版